Bibliografische Information der Deutschen Nationalbibliothek:

Die Deutsche Bibliothek verzeichnet diese Publikation in der Deutschen Nationalbibliografie; detaillierte bibliografische Daten sind im Internet über http://dnb.d-nb.de/ abrufbar.

Impressum:

Druck und Bindung: Books on Demand GmbH, Norderstedt Germany
ISBN: 9783668485921

Dieses Buch bei GRIN:

http://www.grin.com/de/e-book/372084/stroemungsadaptive-stabilisatorfinne-fuer-yachtkiele-in-integralbauweise

Michael Dienst

Strömungsadaptive Stabilisatorfinne für Yachtkiele in Integralbauweise und händiger Ausführung

Transactions in Suffering Innovations T06 SI471

GRIN Verlag

„Transactions in suffering Innovations“

Ideen verbrennen im Park

Der Wedding ist heute wunderschön
und ich fühl` mich seltsam stark.
Was hält mich da noch im Labor?
Wir gehen zum Led Zeppelin,
der gefällt mir mehr als je zuvor,
bei ungefähr tausend Kelvin.
Komm, lass uns Patente verbrennen im Park.

Mi. Berlin 2016

Den Ausführungen sei ein Traktat vorangestellt. Die Textbeiträge zum Stand der Technik und den „Transactions in Suffering Innovations“ besitzen ein dynamisches Format und sind, beginnend im November 2016, in folgender Weise geordnet und Überschrieben:

Titel:	Artefakt
Untertitel:	Transactions in Suffering Innovations T[NUMMER]SI[Mi-KENNUNG]
Datum:	Freigabe
Prolog	[Kontext]
Kerntext	[Technische Beschreibung]
Epilog	[Hintergründe und Dialoge]

Traktat

über die Beiträge zum Stand der Technik und zu den „Transactions in Suffering Innovations"

Die „Transactions in Suffering Innovations" bilden eine Sammlung von Schriften über Artefakte im Themenfeld Biologie & Technik, die in loser Reihenfolge erscheint. Es besteht durchaus die Absicht, den Stand der Technik zu verändern.

Gegenstand der Beiträge zu den Schriften der „Transactions in Suffering Innovations" sind Artefakte, Problemlösungen, Gestaltungsfragen und die kritische Auseinandersetzung mit Themen der Bionik, also Technik nach Vorbildern aus der belebten und unbelebten Natur und ihre Umsetzung. In ausgesuchten Fällen sind Technische Beschreibungen nach Standards des Deutschen Patent und Markenrechts[1] verfasst.

Mit den „Transactions in Suffering Innovations" soll der Fortschritt auf dem Gebiet der angewandten Bionik dadurch gefördert werden, dass die dargestellten notleidenden Artefakte, Problem- und Gestaltungslösungen frei von Rechten Dritter sind und mit ausdrücklicher Genehmigung dem Leser zur Nutzung verfügbar werden.

In den „Transactions in Suffering Innovations" werden ausschließlich Artefakte offeriert, die nicht unter das Arbeitnehmererfindungsgesetzes ArbErfG[2] fallen oder in der Vergangenheit fielen.

Die in den „Transactions in Suffering Innovations" dargestellten Artefakte sind insofern notleidend, da sie einerseits aus materieller Not nicht weiterverfolgt werden, ein Umstand der sich vielleicht wieder ändern mag. Andererseits sind die dargestellten Artefakte notleidend, weil sie möglichweise auftretender oder voranschreitenden geistigen Umnachtung zum Opfer zu fallen drohen; ein Umstand der sich wohl nicht mehr ändern wird.

Als Übergeordneter Absicht gilt es solche Forschung anzustoßen, die Lösungswege der Übertragung biologischer Phänomene untersucht und Fragestellungen betrifft, die im Zusammenhang stehen mit Natur und Technik.

Die Beiträge zum Stand der Technik und den „Transactions in Suffering Innovations" sind in deutscher Sprache verfasst. Dem Text wird gegebenenfalls eine teilweise oder vollständige Übersetzung in englischer Sprache beigestellt. In einer Ausgabe der Schriftensammlung wird jeweils nur ein Werk platziert. Den Ausführungen wird gegebenenfalls ein Prolog vor und ein Epilog nachgestellt.

Mi. Dienst

---

[1] https://www.dpma.de/patent/anmeldung/index.html
[2] Am 7. Februar 2002 trat die Novellierung des Arbeitnehmererfindungsgesetzes ArbErfG in Kraft.

Titel: **Strömungsadaptive Stabilisatorfinne für Yachtkiele in Integralbauweise und händiger Ausführung**

Untertitel: Transactions in Suffering Innovations T06 SI471
23. Jan. 2017

Technische Beschreibung

Strömungsadaptive Stabilisatorfinne für Yachtkiele in Integralbau-weise und händiger Ausführung

Die Erfindung betrifft eine Stabilisatorfinne für Yachtkiele, deren Gestalt sich der beaufschlagenden Strömung selbstständig anformt. Die elastische Belastungs-adaption wird über die Gestaltung eines über drei Achsen beweglichen Gelenkgetriebes erreicht.
Das bewegliche Gelenkgetriebe wird als Plattenstruktur mit eingeprägten Fugen realisiert, was einer Integralbauweise entspricht. Die Fugen und die Wahl einer geeigneten Materialkombination für die linksseitige und die rechtsseitige Tragflügelfläche der Stabilisatorfinne für Yachtkiele formulieren elastische Gelenke. Die linksseitige und die rechtsseitige Beweglichkeit ist nicht gleich, was eine „Händigkeit“ der Finne bedeutet. Durch die Gelenke in der Tragflügelfläche entsteht eine belastungsabhängige Wölbverformung der Tragflügelstruktur, die den Kern der erfinderischen Idee einer händigen Stabilisatorfinne für Yachtkiele darstellt.
Die Finne ist zur gestaltkompatiblen Montage an standardisierte Einbauflansche für Yachtkiele diverser Bauart geeignet. Die Yacht und die Einbauflansche (Plugs) für die Stabilisatorfinne für Yachtkiele sind nicht Gegenstand der Erfindung. Das Tragflügelteil der Stabilisatorfinne für Yachtkiele besitzt eine strömungsmechanisch wirksame und bauartbedingt, unter neutraler Strömungsbeaufschlagung eine symmetrische Profilkontur.

Stand der Technik und der Wissenschaft. Profile

Ein Strömungsprofil bezeichnet die Querschnittgeometrie von Kraft- und Arbeitstrag-flügeln in Strömungsrichtung des umgebenden Fluids. Kontur bezeichnet dabei die umhüllende Gestalt eines Strömungskörpers. Dreidimensionale Körperkonturen können eben, konvex oder konkav sein. Elastisch flexible Profilkonturen sind Stand der Technik und der Wissenschaft. Flexible Profilkonturen für Stabilisatorfinnen für Yachtkiele sind Stand der Technik. Elastische Finnen vom Stand der Technik verhalten sich mechanisch orthodox; dies bedeutet, dass die strukturelle Bauteilverformung der Richtung der beaufschlagenden Kraft folgt.

Stand der Technik. Stabilisatorleitflächen.

Bei Seefahrzeugen in Fahrt und beim Manövrieren ist neben der hohen mechanischen Belastung der strömungsmechanisch wirksamen Bauteile im Bereich des Unterwasserschiffes die optimale und an Strömungswiderständen arme Funktionsweise entscheidend für höchste Fahrleistungen. Grundsätzlich sind bei leistungsoptimierten Segelfahrzeugen, Yachten und Jollen nach Stand der Technik und all ihren Bauteilen Robustheit, Formhaltigkeit, Funktion und Lebensdauer bei geringem Gewicht von Bedeutung. Zu den fluidmechanisch wirksamen Leitflächen im Unterwasserbereich von Segelfahr-zeugen gehören Stabilisatortragflächen.

Als Stabilisatoren bezeichnet man Leit- und Steuerflächensysteme mit deren Hilfe durch Wind und Seegang oder durch die Vorwärtsbewegung selbst hervorgerufene, aber als Störung klassifizierte Schiffsbewegungen verringert oder verhindert werden können. Störungs-Schiffsbewegungen können das Manövrieren erschweren und die Fahrzeugstabilität im Seegang beeinträchtigen.

Eine grobe Einteilung der Schiffsbewegungen benennt das Rollen oder Schlingern (ROLL), entsprechend einer Rotation um die X-Achse, das Stampfen (PITCH), entsprechend einer Rotation um die Y-Achse und das Gieren (YAW) entsprechen Rotation um die Z-Achse. Des weiteren die der Fortbewegung überlagerte translatorische Schiffsbewegung in X-Richtung (SURGE), der translatorischen Seitenverschiebung in Y-Richtung (SWAY) und der Hebebewegung in Z-Richtung (HEAVE). Stabilisatoren gegen die rotatorische Schiffsbewegungen in der X-Achse und jene in Y-Richtung (ROLL- und PITCH-Stabilisatoren) werden nach Stand der Technik paarweise in an den Schiffsseiten platziert. Es sind Konzepte mehrerer (paarweiser) Sätze von Stabilisatorflächen bekannt.

In Fahrt bilden fluidmechanisch wirksamen Leitflächen im Unterwasserbereich mit symmetrischen Profil nach Stand der Technik dann einen fluiddynamisch wirksamen Tragflügel aus, wenn eine nicht axiale Anströmung gegeben ist. Stabilisatortragflächen nach Stand der Technik sind durch die Fahrbewegung des Seefahr-zeuges hydrodynamisch wirksam, aber nicht notwendigerweise mit symmetrischen Profilen ausgeführt. Für die Kontur des vom Schiffskörper abweisenden, freien Stabilisatortragflächenendes sind unterschiedliche Formen bekannt. Die aus dem hydrodynamischen Auftriebsgebaren der Stabilisatortragflächen resultierende Querkraft soll dem ROLL-Moment, bzw. dem PITCH-Moment entgegenwirken. Hierzu sind bei aktiven Schiffsstabilisatorsystemen die Leit- und Steuerflächen in einer Drehachse längs der Tragflügelstreckung beweglich ausgeführt. Bewegliche aktiven Schiffsstabilisatorsysteme nach Stand der Technik sind mit einer Steuerung oder Regelung ausgestattete, so genannte aktive Leit- und Steuerflächen für Seefahrzeuge. Typisch für Stabilisatoren nach Stand der Technik sind paarweise seitlich ausfahrbare gegebenenfalls drehbewegliche Flossen unterhalb der Wasserlinie. Die Drehbeweglichkeit ist nicht obligatorisch für Schiffsstabilisator-systeme nach Stand der Technik.

Die ersten Flossen- oder Flügelstabilisatoren wurden um 1898 patentiert – damals noch als längs zum Schiffsrumpf verlaufende, aufgesetzte starre Flügel. Im Laufe der Entwicklung wurden Flossen- oder Flügelstabilisatoren seitlich am Seefahrzeug und häufig im Rumpf versenkt angebracht. Die Anstellwinkel der Flossen- oder Flügelstabilisatoren können hydraulisch verändert und damit ihre Ausrichtung laufend an die Roll-, Stampf und Gierbewegung des Schiffes angepasst werden. Dazu wird ein von Geschwindigkeit, Winkellage, Winkelgeschwindigkeit, ggf. der Winkelbeschleunigung des Schiffes abhängiger, der Schiffsstabilität dienlicher Tragflächen-winkel errechnet. Die Steuerparameter hängen dabei von der

Größe, dem Gewicht des Seefahrzeugs und der Art, Menge und Verteilung der Zuladung ab. Stand der Technik sind über Absolut- oder Relativmessungen kontrollierte Flossenstabilisatoren. Gyroskop-Instrumente dienen hier als sehr sensible Messzeuge für absolute Schiffsbewegungen. Eine Computersteuerung lässt die Schiffsstabilisator-systeme schnell auf Bewegungsänderungen des Seefahrzeugs reagieren.
Es ist bekannt, dass wölbbare oder flexibel ausgeführte, nichtsymmetrische Leit- und Steuerflächen Gegenstand experimenteller und theoretischer Untersuchungen sind und Stand der Forschung, der Entwicklung und der Technik. Grundsätzlich gilt, dass die Beiträge flexibel, nichtsymmetrischer Leitflächen zur Stabilität und damit zur Leistungs- und Effizienzsteigerung von Seefahrzeugen relevant sind. Den bei Seefahrzeugen bekannt gewordenen Konstruktionen ist gemeinsam, dass die Winkelstellung durch Regelung und Steuerung bestimmt wird. In Fahrt führen die über Steuerung und Regelung getriebenen Stabilisatorsysteme des Seefahrzeugs ständig von außen erzwungene Drehbewegungen aus, welche der Bewegung der See entgegenwirken und somit das Rollen Stampfen des Schiffs mindern.

Hydrodynamische Wirkungsweise aktiver und passiver Stabilisatorsysteme.
Sollen für aktive als auch für passive Stabilisatorensysteme strömungsbeaufschlagte, autoadaptive Konzepte Anwendung finden, muss das Strömungsbeaufschlagungs-Tragflächenprofiländerungsverhalten im Mittelpunkt der Betrachtungen stehen.
Aktive Stabilisatorensysteme. Konstruktionen für Leit- und Steuerflächen von See-fahrzeugen mit Variabilität des Strömungsprofils sind bekannt. Profile mit Gelenk-klappen an der Profilhinterkante finden Verwendung; sie stellen ein Äquivalent zu den Leitwerken aerodynamischer Tragflächensystemen (etwa von Flugzeugen oder Windrädern) dar. Bei aktiven, der Störströmung steuerungs- und regelungs-technisch nachgeführten und der Beaufschlagungsrichtung entgegenwirkenden Stabilisator-systemen sind hydrodynamisch wirksame Tragflächensysteme mit gelenkigen Klappen Stand der Technik. Hier kann durch eine Auslenkung der beweglichen Flügelhinterkanten ein Zugewinn an hydrodynamischem Auftrieb erzielt werden. Das Strömungsbeaufschlagungs-Tragflächenprofiländerungsverhalten ist wirkungsverstärkend.
Hinsichtlich der schädlichen Schiffsbewegungen (ROLL, PITCH) stellen sie ein (Wieder-) aufrichtendes Moment bereit. Der regelungs- und steuerungstechnische Kontrollaufwand aktiver, der Störströmung nachgeführten Stabilisatorensysteme ist erheblich.
Passive Konzepte für Stabilisatorensysteme mit strömungsbeaufschlagter autonomer flexibler Profilwölbung des Stabilisatorentragflügels sind nicht Stand der Technik.

Stand der Wissenschaft, Biologie und Bionik.

Flossen von Fischen und Meeressäugern dienen der Propulsion, dem Manövrieren und dem Stabilisieren des Lebewesens in Bewegung (in Fahrt). Biologische Flossen sind ihrer Art nach aktive Propulsions-, Leit- und Steuerflächen, können jedoch auch passive und strömungsadaptive

Aufgaben erfüllen. Die Flossen mancher Fischarten weisen eine komplexe Konstruktion mit Membranen und mehreren einbeschriebenen Stützstrukturen (Flossenstrahlen) auf.
Bei Wasserlebewesen besitzen die Flossen in der Regel eine in der Tragflächen-wurzel angesiedelte, vielachsig bewegliche Knochengelenk-Kinematik. Eine Vielzahl von Gelenken rezenter Wirbeltierskelette, wie beispielsweise die Mittelhandknochen und die Ellenbogengelenke, bilden komplexe, mehrachsige, räumlich wirksame Getriebesysteme aus. Das Handgelenk rezenter Lebewesen und dessen evolutions-biologisch relevante Frühstadien die als Fossilen vorliegen, können als biologisches Vorbild für eine vielachsige (technische) Kinematik dienen. Das kinematische Wirkprinzip dieser technischen Vielachsen- Scharnier- Kinematik ist jenes von mehreren dreidimensional-räumlich verbundenen, zwangsbewegten Klappen, deren (lokale) Scharnier-Drehachsen gemeinsame, lokale, Schnittpunkte besitzen. Je nach Zuordnung der Freiheitsgrade der im Sinne einer kinematischen Kette ein (lokales) räumliches Getriebe bildenden Scharniere, stellen die zwangskinematischen dreidimensionalen Winkelbewegungen der Plattenebenen des kinematischen Systems eine Untersetzung, eine Übersetzung oder eine Umlenkung dar. Bei mechanischer Beaufschlagung bilden die beschriebenen Gelenkplattenkinematiken abhängig von der Anordnung der Gelenk- und Fixationsebenen (Knick-) Gewölbeformen aus.

Bionik. Die belebte Natur hat in den Jahrmillionen der biologischen Evolution äußerst effiziente und Ressourcen schonende Lösungen hervorgebracht. Aufgabe der Bionik ist es, Prinzipien der belebten Natur zu entschlüsseln, mit dem Ziel, diese auf künstliche Systeme, auf Artefakte, ja letztendlich auf Maschinen zu Übertragen. Die Bionik verbindet die Naturwissenschaften mit den Ingenieurwissenschaften.
Für die näherungsweise zweidimensionale (ebene) Betrachtungsweise hinsichtlich der Gelenke rezenter Wirbeltierskelette ist es möglich, ein sehr einfaches ebenes kinematisches Gelenkplattenschema herzuleiten, mit dem die Übertragung von Prinzipien biologischer vielachsig-belastungsadaptiver Zwangskinematiken (i-mech, intelligente Mechanik) auf technische Systeme, insbesondere Leit- und Steuerflächen für Seefahrzeuge gelingt.

Problembeschreibung

Bei Leit- und Steuerflächen von Seefahrzeugen und anderen fluidmechanisch wirksamen, Querkraft erzeugenden Tragflächen taucht das Problem der beidseitigen fluidischen Beaufschagung auf. Deshalb haben Leit- und Steuerflächen von Seefahrzeugen vom Stand der Technik im Allgemeinen symmetrische Profile.
Auf dem Gebiet der passiven, nicht steuerungs- und regelungstechnisch geführten Leit- und Steuerflächen von Seefahrzeugen und anderen fluidmechanisch wirksamen, Querkraft erzeugenden Tragflächen sind selbstständig beulbare, wölbbare oder scharnierartig ausgeführte Konstruktionen und Bauweisen nicht Stand der Technik. In Fahrt und beim Manövrieren von Seefahrzeugen wären flexible, nichtsymmetrische Profile für Leit- und Steuerflächen wünschenswert.

Problemlösung

Die Leit- und Steuerfläche eines Seefahrzeugs wird als strömungsadaptives und profilvariables fluiddynamisch wirksames Tragflächensystem ausgeführt. Während in einem nicht durch beaufschlagende Querströmung gekennzeichneten Systemzustand der Tragflügel ein symmetrisches Profil aus bildet, vollführt bei fluidischer Beaufschlagung das Tragflächensystem eine der Beaufschlagungsrichtung folgende zwangskinematische Bewegung. Dies wird dadurch erreicht, dass ein Scharniergelenk in Verbindung mit einer krummlinigen Gelenkkurve eines Schneidengelenks eine Wölbung in der Tragfläche herstellt. Die gesamte Tragflügel-fläche bildet nun eine gewölbte Fläche mit nichtsymmetrischer Profillinie aus. Die Profilebene des Tragflügelprofils ist krummlinig. Das Scharniergelenk in Verbindung mit der krummlinigen Gelenkkurve des Schneidengelenks stellt eine Gesamtfläche in ihre Ruhelage zwingende Rückstellkraft bereit. Das bewegliche Gelenkgetriebe wird als Plattenstruktur mit eingeprägten Fugen realisiert, was einer Integralbauweise entspricht. Die Fugen und die Wahl einer geeigneten Materialkombination für die linksseitige und die rechtsseitige Tragflügelfläche der Stabilisatorfinne für Yachtkiele formulieren elastische Gelenke. Die linksseitige und die rechtsseitige Beweglichkeit ist nicht gleich, was eine „Händigkeit" der Finne bedeutet. Durch die Gelenke in der Tragflügelfläche entsteht eine belastungsabhängige Wölbverformung der Tragflügelstruktur.

Erreichbare Vorteile

Durch die leewärtige Passivbewegung einer Querkraft erzeugenden Tragfläche wird erreicht, dass – vermittelt über die beschriebene zwangskinematischen Wölb-verformung die Profilkontur der Tragfläche eine strömungsgünstige, den Form-widerstand mindernde und die dynamischen Querkraft steigernde Gestalt automatisch, d.h. geometrisch autoadaptiv und autonom annimmt. Die resultierende Widerstandsminderung im Bereich des Unterwasserschiffs beeinflusst die Energie-bilanz des Gesamtsystems positiv. Der regelungs- und steuerungstechnische Kontrollaufwand einer passiven, Querkraft erzeugenden Tragfläche ist erheblich geringer als jener einer aktiven Tragfläche nach Stand der Technik. Die fluidmechanische Wirksamkeit der strömmungsadaptiven und profilvariabel ausgeführten Querkraft erzeugenden Tragfläche für Seefahrzeuge ist größer als jener vom Stand der Technik.

Aufbau, bauliche Ausführung und Wirkungsweise

Fluidmechanisch wirksame Leit- und Steuertragflächen sind in der Regel profiliert ausgeführt. Das vom Yachtkiel abgewandte Finnentragflächenende (Trag-flächenrandbogen) ist typenbedingt geformt und kann mit unterschiedlichen Konturen ausgebildet sein. Für Stabilisatorfinnen für Yachtkiele vom Stand der Technik sind unterschiedliche Profile und Profilkombinationen bekannt.

Die Beschreibung des Aufbaus, der baulichen Ausführung und der Wirkungsweise betrifft eine Stabilisatorfinne für Yachtkiele, deren Gestalt sich der beaufschlagenden Strömung selbstständig anformt. Die elastische Belastungsadaption wird über die besondere Gestaltung eines über drei Achsen beweglichen Gelenkgetriebes erreicht.
Eine Plattenstruktur mit eingeprägten Fugen realisiert ein bewegliches Gelenk-getriebe wird, was einer Integralbauweise entspricht. Die Fugen und die Wahl einer geeigneten Materialkombination für die linksseitige und die rechtsseitige Trag-flügelfläche der Stabilisatorfinne für Yachtkiele formulieren elastische Gelenke. Die linksseitige und die rechtsseitige Beweglichkeit ist nicht gleich, was eine „Händigkeit" der Finne bedeutet. Durch die Gelenke in der Tragflügelfläche entsteht eine belastungsabhängige Wölbverformung der Tragflügelstruktur. Die Finne ist symmetrisch ausgeführt und zur gestaltkompatiblen Montage an standardisierte Einbauflansche für Yachtkiele diverser Bauart geeignet. Einbauflansche sind nicht Gegenstand der Erfindung. Der Yachtkiel ist nicht Gegenstand der Erfindung. Das Tragflügelteil der Stabilisatorfinne für Yachtkiele besitzt eine strömungs-mechanisch wirksame, und durch die Bauart bedingt, eine symmetrische Profilkontur. Das bei dieser Konstruk-tion zur Anwendung kommende „Terminal", welches zu dem Einbauflansch (Plug) der Stabilisatorfinne für Yachtkiele kompatibel ist, entspricht einem standardisierten Rechteckprisma. Die für den Finnenwurzel-Bereich, zum Terminal kompatibelen „Box" ist beliebig und nicht relevant für die Erfindung nach Anspruch 1. Bauweisen und Bauausführungen der Anmontage einer Stabilisatorfinne für Yachtkiele sind nicht Gegenstand der Erfindung.

Bauteile, Merkmale und Erläuterung der Abbildung

Konstruktionskomponenten

TER	Finnenterminal, Finnenwurzel
FIX	Fixationsriegel (Formschluss)
FIN	Finnenflügel
FINB	bugwärtiger Finnenflügelteil
FINH	heckwärtiger Finnenflügelteil
FTIP	Randbogen des Finnenflügels
TSTB	steuerbordseitiges Tragflügelteil
TBBB	backbordseitiges Tragflügelteil
KIBO	Kielbombenkörper
KIPY	Kielbombenpylon, organisatorische Einheit mit Yachtrumpf
Y	Yacht, Yachtrumpf
AUB	Ausgleichsbohrung

Gelenke

FUGB	bugwärtiges Fugengelenk
FUGH	heckwärtiges Fugengelenk
FUGZ	zentrales Fugengelenk

Ebenen

EGB	Gelenkebene des bugwärtigen Fugengelenkes
EGH	Gelenkebene des heckwärtigen Fugengelenkes
EGZ	Gelenkebene des zentralen Fugengelenkes

Aufbau und bauliche Ausführung.

Das Terminal TER, der Finnenflügel FIN, bestehend aus dem bugwärtigen Finnen-flügelteil FINB und dem heckwärtigen Finnenflügelteil FINH und dem Tragflügelrand-bogen FTIP bilden zusammen eine konstruktive und funktionale Einheit. Das Terminal TER wird formschlüssig FIX in einen herstellerkompatiblen Aufnehmerflansch gefügt der sich im Rumpfkörper/ im Yachtkiel befindet. Der Aufnehmerflansch und der Rumpfkörper / der Yachtkiel sind nicht Gegenstand der Erfindung. Der Finnenflügel FIN besteht aus dem steuerbordseitigen Tragflügelteil TSTB und dem backbordseitigen Tragflügelteil TBBB. Die beiden Tragflügelteile TSTB und TBBB sind stoffschlüssig durch Urformung oder durch Klebung gefügt. Das bugwärtige Fugengelenk FUGB und das heckwärtige Fugengelenk FUGH und das zentrale Fugengelenk FUGZ bilden zusammen mit dem bugwärtigen Finnen-flügelteil FINB, dem heckwärtigen Finnenflügelteil FINH und dem Tragflügelrand-bogen FTIP ein Gelenkgetriebe aus. Im unbeaufschlagten Zustand nimmt die bewegliche Finne eine neutrale, ebene Ausrichtung an und der Finnentragflügel erzeugt keine Querkräfte (Auftrieb). Das bugwärtige Finnenflügelteil FINB und das heckwärtige Finnenflügelteil FINH bilden die Gesamttragfläche FIN und sind in klassischer Urformbauweise nach Stand der Technik aus Kunststoff fertigbar. Die Finnenwurzel TER ist ebenfalls in klassischer Urformbauweise aus Kunststoff fertigbar. Finnenflügel und Finnenwurzel sind auch durch generische RP-Verfahren (Rapid Prototyping) fertigbar. Der Werk-stoff muss für das (fertigungstechnische) Ausbilden von Filmgelenken geeignet sein; u. A. Polyamid (PA), oder Nylon kommen in Frage. Die bauliche Ausführung des Finnentragflügels FIN entspricht einer Integralkonstruktion.
Aus der nichthomogenen Materialbelegung des Tragflügels ergibt sich die Händigkeit im Betrieb. Prinzipiell kann die Materialbelegung in vertauschter Weise erfolgen, so sich eine Variante der Stabilisatorfinne für Yachtkiele ergibt, die auch die Händigkeit im Betrieb vertauscht.
Die Komponenten sind schematisch in der Skizze Figur 1 dargestellt. Die schematische Skizze Figur 2 stellt die Montagesituation der Stabilisatorfinne dar.

Wirkungsweise

Der Tragflügel FIN, gebildet aus dem bugwärtigen Finnenflügelteil FINB und dem heckwärtigen Finnenflügelteil FINH, sind Teil der Lateralfläche der Yacht. Erfindungsgemäß sind Teile des fluiddynamisch wirksamen Tragflächensystems in einer Ebene längs der Strömungshauptrichtung beweglich gelagert angeordnet. Weitere Teile des Tragflächensystems sind als bewegliche, passiv vom Strömungsdruck beaufschlagbare, also strömungsadaptive Tragflächen ausgeführt derart, dass diese bei nichtaxialer Anströmung der Finnentragfläche automatisch nach Lee (auf die der Strömung abgewandte Seite, um wenige Winkelgrade in der Beswe-gungsachsenebene) ausgelenkt wird und durch eine Mehrachsen- Kinematik dem beweglichen Finnentragflügel zwangskinematisch eine fluidmechanisch günstige Form im Sinne einer Wölbverformung aufprägen. Die leewärtige Passivbewegung der strömungsadaptiven Finnentragfläche folgt der

Hauptströmungs-richtung des Fluids. Die Mehrgelenkkinematik wird in zwei Ebenen als Fugengelenklager ausgeführt.

Wirkungsweise. Geometrie des räumlich beweglichen Tragflügels in Ruhelage.

In Ruhelage und in einem nicht durch Querströmung beaufschlagten Zustand bilden das bugwärtige Finnenflügelteil FINB und das heckwärtige Finnenflügelteil FINH den fluidmechanisch wirksamen Tragflügel FIN aus, der in einem durch die Strömungs-kräfte unbeaufschlagten Zustand eine neutrale, ebene Ausrichtung annimmt. Es werden vom Finnentragflügel keine Querkräfte (Auftrieb) erzeugt.

Wirkungsweise. Geometrie des räumlich beweglichen Tragflügels unter nichtzentraler fluidischer Beaufschlagung.

Während des bestimmungsgemäßen Betriebs, in Fahrt, tritt am Unterwasserschiff der Yacht eine nicht zentralsymmetrische, fluidische Beaufschlagung des Finnen-flügels auf. Die auf die Finne wirkende, resultierende Strömungsbewegung lässt sich in einen parallel zur Symmetrieachse des Seefahrzeugs liegenden Anteil und in einen quer dazu liegenden Anteil beschreiben, was für die Erklärung der fluidmechanischen Wirkungsweise strömungsbeaufschlagter, räumlich Leitflächen an Finnentragflächen von Bedeutung ist. Eine Stabilisatorfinnentagfläche für Yachtkiele mit symmetrischem Tragflächenprofil nach Stand der Technik besitzt auch bei nichtzentraler fluidischer Beaufschlagung einen Betriebsbereich, in dem das Verhältnis aus erlittenem Widerstand und der für das Voranbewegen und Manövrieren in Fahrt erforderlicher erzeugter Querkraft vertretbar ist, oder kurz: auch symmetrische Profile erzeugen bei nicht zentraler Beaufschagung „Auftrieb". Der Betriebsbereich (Anström-winkel, Geschwindigkeit) eines nichtsymmetrischen Tragflächenprofils wird im Auslegungsfall aber erheblich größer sein, als jener eines vergleichbaren symmetrischen Tragflächenprofils. Bei fluidischer Beaufschlagung (also im nichtsym-metrischen Anströmungsfall) vollführt das aus den Tragflächenteilen (bugwärtiger Finnenflügelteil) FINB und dem (heckwärtiger Finnenflügelteil) FINH repräsentierten Tragflächensystem eine zwangskinematische Klappbewegung. Es stellt sich ein Gleichgewichtszustand ein und die Tragflügelfläche FIN erfährt eine Wölbung. Bei nichtaxialer Anströmung arbeitet eine reguläre Stabilisatorfinne für Yachtkiele als fluiddynamische und querkrafterzeugende Auftriebsfläche. Durch die bei nicht axialer Auslenkung infolge fluidischer Beaufschlagung erzwungene Wölbgeometrie entsteht ein fluidmechanisch wirksames, vorteilhaft profiliertes Tragflächensystem.
Durch die nichthomogene Materialbelegung und den sich daraus erbenden nichtgleichem Beaufschlagungs-Verformungs-Verhaltens des Gesamttragflü-gels ergibt sich eine „Händigkeit im Betrieb" und eine nicht gleiche radiale Querkraft-erzeugung nach der einen oder der anderen Richtung. Der Effekt der Händigkeit im Betrieb ist eine erwünsche Eigenschaft und von wirtschaftlichem Interesse.

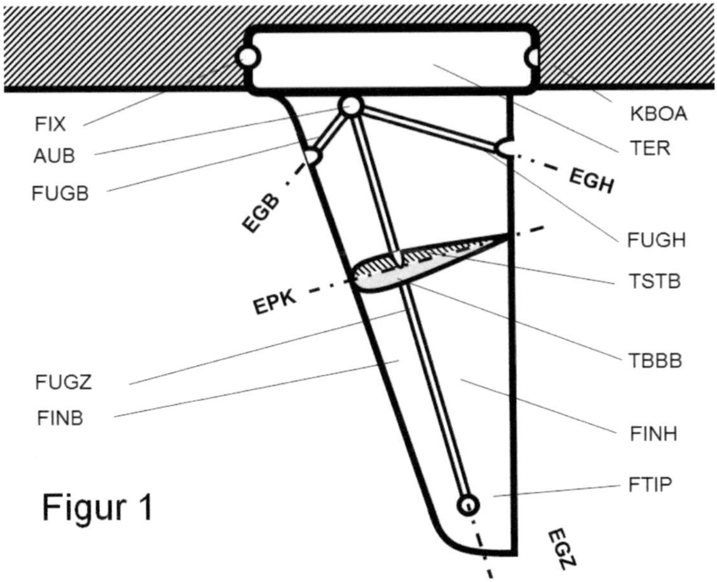

Figur 1

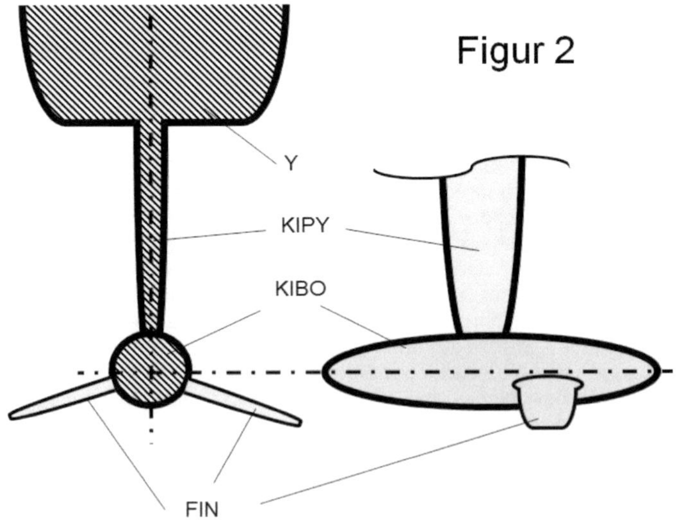

Figur 2

Ansprüche

(1) Stabilisatorfinne für Yachtkiele, deren Gestalt sich der beaufschlagenden Strömung selbstständig anformt, dadurch gekennzeichnet,

dass ein bugwärtiger Finnentragflächenteil, ein heckwärtiger Finnentragflächenteil, die fugenartig ausführbaren und das die Finnentragflächenteile verbindenden Gelenke eine konstruktive und funktionale Einheit bilden.

(2) Stabilisatorfinne für Yachtkiele nach Anspruch 1 dadurch gekennzeichnet,

dass das Gelenkplattensystem unter fluidischer Beaufschlagung ein strömungsmechanisch vorteilhaftes Finnentragflügelsystem ausbildet.

(3) Stabilisatorfinne für Yachtkiele nach Anspruch 1 dadurch gekennzeichnet,

dass die Finne ist und zur gestaltkompatiblen Montage an standardisierte Einbauflansche diverser Bauweisen geeignet ist, ausgeführt.

Epilog

Es ist Sonntag der 20. November 2016. Totensonntag. Vorhin haben wir die Traueranzeige aus der Tageszeitung geschnitten. Reinhard, erst mein Dozent, dann mein Kollege und seitdem mein Freund – natürlich habe ich mich zu wenig gekümmert in den letzten Jahren - wird in wenigen Tagen als Urne in eine Marienfelder Wiese versenkt. H. wird mich begleiten. Ich bin ihr dankbar dafür.

H: Du weißt aber schon, dass Du gerade Bockmist baust?
Mi: Ja.
H: Ich meine jetzt nicht diesen Schmalz mit dem Big Zeppelin. Und dass Du jetzt auch noch dichten musst. Ich meine die Sache an sich.
Mi: Page nicht Degenhard. *Led* Zeppelin.
H: Was soll der Quatsch mit der Patentverbrennung?

In die Trauer mischt sich Streit, der den vorliegenden Text betrifft. Nicht seinen Inhalt, sondern dass es diesen Aufsatz überhaupt geben soll. H. ist mein bester Freund, meine Ratgeberin und mein Gewissen. Seit weit vielen Jahren. Eigentlich immer schon. Don`t make me loose ... Sollte in meiner Umgebung je so etwas wie Moral aufgetaucht sein, dann ist H auch dies. Zunehmend ist H. auch noch mein Gedächtnis. Mit immer gleicher Ruhe und allen Übels verzeihend nimmt sie an meiner Verblödung teil. Und Anteil. Erduldet die alten Methoden und die neu hinzukommenden Rituale, mit denen ich dagegen ankämpfe zu einer Art Gemüse zu werden. Von außen betrachtet muss ich ein Scheusal sein und sie ist so stark. Und viel lieber würde ich mich aus dem Revier schleichen wie ein sterbendes Tier; aber das lässt sie nicht zu. Sie würde es außerdem feige nennen.

H: Patente verbrennen das machen nur Primitive. Willst Du das sein? Du würdest keinen guten Proleten abgeben. Mann, Micha. Nicht mal einen Working Man. Du warst nie ein guter Handwerker, nie. Aber du warst immer ein guter Ingenieur. Der zündet keine Bücher an. Oder den ganzen Wedding gleich.
Mi: Ich *bin* Handwerker.
H: Ha, wenn unser Föhn kaputtgeht, schneide ich den Stecker ab.
Mi: Ja, ich weiß.
H: Damit Du am Leben bleibst. Deine beiden linken Hände sind sprichwörtlich. Aber Du warst ein guter Ingenieur. Ich würde Dich einen genialen Theoretiker nennen.
Mi: Aber auch Schlosser.
H: Vor meiner Zeit.
Mi: Sie haben uns die Türschilder abmontiert. Den Dipl.-Ing., den Master, alles.
H: Das sagtest Du bereits. Jammer, jammer, jammer. Du bleibst Ingenieur.
Mi: Sonstiger Mitarbeiter.
H: Hör auf.
Mi: Wir dürfen keine wissenschaftlichen Aufsätze schreiben. Weil wir neuerdings keine Akademiker mehr sind, sagt ..

H: .. der Vize, ich weiß. Das ist aber jetzt nicht unser Thema. Nicht wieder. Du willst also Deine Bücher verbrennen. Öffentlich. Im Wedding. Kriminell werden. Ich fasse es nicht.
Und übrigens heißt es: „komm wir gehen *Tauben vergiften* im Park"? Dieser Öchi-Typ. Geissler oder so!

Mi: Du kennst Georg Kreissler? Wahnsinn.

H: Das nenne ich übrigens kriminell. Die armen Tauben.

Beide müssen herzhaft lachen. Es ist *der* Running Gag. 1981, sie kannten sich etwa ein halbes Jahr und H. hatte diese Krebsdiagnose. Eine Powerfrau sollte Zytostatika nehmen, bestrahlt werden, die schönen blonden Haare verlieren. Die volle Packung. Ein Anruf mit dem Stationstelefon, wenig Worte nötig, M. war zur Stelle und zur gemeinsamen Flucht bereit. Der ganze Krankenhauskram war schnell eingepackt und man schlich aus dem Zimmer, nicht ohne die „Chemo", jene kleinen roten Pillen der ersten Phase, aus der Verpackung zu drücken und aus dem Zimmerfenster zu werfen. Wie Diebe huschten sie aus der Krebsstation der „Puls-Straße, Frauenklinik Charlottenburg. H. hatte beschlossen: Sie wollte nicht krank sein, sie gab dieser Diagnose keine Chance. Wie sie waren, fuhren die beiden direkt in den Harz. Also Grenzkontrolle, DDR, Hirschberg an einem Stück, mitten in der Woche, Arbeit egal, Klausuren egal, faktisch waren sie an diesem Tag ja schon tot. Aber zusammen. Nach einem wunderbaren verregneten Wochenende lebten sie aber immer noch. Nach zwei Wochen auch. Fünf Wochen nach der Flucht gehen sie gemeinsam ins Krankenhaus und stellten sich den Ärzten, dann der Untersuchung, und schließlich der gesamten Situation. Die Diagnose ist negativ! H: „Der Krebs hat sich verpisst".

Ach so, die Tauben? Als ich mit H durch das Treppenhau hetze, durch das schwere Tor zum Innenhof schlüpfe, sehen wir sie, wie sie die kleinen roten Pillen aufpicken.

H: Das ist Anarchie. Man verbrennt keine Bücher. Niemals.

Mi: Bücher?

H: Aufsätze, Wissenschaft, Forschung, Patente. Was auch immer. Stell Dich nicht doof. Ich will nicht ..

Mi: .. mit einem Anarchisten in einem Bett schlafen.

H: .. an einem Tisch sitzen. Wie jetzt gerade. Oder sie sperren Dich gleich ein. Denk doch mal an die Kinder. Unsere Kinder.

Mi: Propotkin hatte auch Kinder. Bakunin sogar zehn.

H: Wer?

Mi: Ok, gelogen.

H: Ossies.

Mi: Russen.

H: Du lässt Dich also einknasten, nur um Dein Mütchen zu kühlen!

Mi: :) :

H: Deine Tochter hat einen Kriminellen zum Vater. Und Mo auch. „Besser heut nich U-Bahn fah`n, der Papa zünd` den Wedding an".

Mi: nennen wir es „Arbeiten am Stand der Technik".

H: Du kannst doch nicht alles aufs Spiel setzen. Deine Arbeit. Uns. Dich selbst?

Sie erträgt es, wie ich morgens um acht zur Arbeit radle, abends nach sieben nach Hause komme und mich sogleich an den Tisch setze, um zu schreiben. Ich weiss ja inzwischen auch, dass ich asozial bin. Dieses zwanghafte Schreiben. Aber es gibt Anlässe. Nicht wenige Dinge erfinde ich mehrmals. Mal liegen Jahre dazwischen, mal eine Nacht. Anfangs habe ich mich noch gewundert und war amüsiert, dass ich gleiche Formulierungen wieder und wieder verwende. Aber wenn einer sich eine ganze Nacht das Hirn zermartert, um einem Absatz den letzten Schliff zu geben, wieder und wieder unzufrieden ist, generiert und verwirft, um dann keine drei Tage später einen alten Text mit exakt diesem Satz, alleine mit dem Unterschied korrekter Orthographie, wiederfindet in einem Aufsatz aus dem Vorjahr, dann muss einer – um nicht zu verzweifeln - verschwiegen sein wie Hermes, oder einen guten Freund haben. Ich habe H.

H: Du weißt, dass Du uns dann alle zum Narren gehalten hast. Jahre lang. 35 Jahre lang. Selbst wenn Du da bist, bist Du nicht da.
Mi: Fünfunddreißig-und-sieben-zwölftel Jahre.
H: Du bist wirklich so ein Ego-Fuzzi. Der größte seit Hermann Hesse.

Ja das stimmt leider. Wenn ich programmiere, bedeutet mir die Eleganz des Codes sehr viel. Da bin ich eitel und stolz drauf. Funktions- und Variablennamen wähle ich sorgfältig. Im wahrsten Sinne des Wortes sinnfällig. Nicht selten stürze ich ganze Routinen, wenn sie nicht im Gesang des restlichen Codes aufgehen. Ich genieße dieses schöpferische Tun. Es ist erhebend, ja, berauschend. Ich klappere diesen bigotten Text ganz gelockert in die Tastatur, weil ich außer mir noch einige Menschen kenne, die ich sehr schätze und bewundere, Reinhard gehört dazu, und von denen ich gleichzeitig wusste und weiß, dass sie alles andere sind, als vergeistigte, selbstverliebte Spinner.
Dieserart begann ich kürzlich an einem Programm zur „schnellen Fluid-Struktur-Wechselwirkung", also „fastFSI" zu arbeiten. Wenn man nicht ständig programmiert, braucht man schon ein paar Tage konzentrierter Arbeit, damit es wieder fließt und flutscht. Nach einer Woche etwa kamen mir Namen und Strukturen verdächtig vor. Ins Wochenende ging ich mit einem seltsamen Gefühl. Am Samstagabend wurden die heimischen Speicher-Sticks durchforstet. Nach Programmen, nach einem Urteil. Siehe da, auf meinem alten Windows-NT-Laptop fand ich den Code. Aus dem Jahre 2004. Saubere Arbeit. Fein ausgewählte Dateinamen, kluge Prozeduren, das ganze Programm ein rundes, funktionierendes Etwas. Nun wusste ich, wo ich am Montag im Büro suchen müsste. Es hätte mich erfreuen sollen, das Wiederfinden. Tat es aber nicht. Ich hatte alles vergessen. Alles. Nicht nur in welcher Weise es funktioniert und geht, sondern dass es überhaupt bereits jemals funktionierte und ging. Dass es da war. Und fertig. Und was mich am meisten daran stört ist, dass ich damals viel besser war als heute. Vielleicht nicht so fit wie meine jungen Kollegen, mit denen ich (noch) das Büro teilen darf. Aber trotzdem ganzschön gut. Wie konnte ich nur vergessen, dass ich dieses kniffelige FFSI-Problem (stellen Sie sich bitte vor: ein Potentiallöser und die elastische Theorie lösen gekoppelt die Aufgabe der Fluid-Struktur-Interaktion eines Profilquerschnitts in 1/1000 der Zeit, die ein CFD-Code braucht) schon einmal gelöst hatte. Ich habe bis heute gebraucht, diesen Schock zu überstehen. Diese Schande. Brauche bis nächstes Jahr oder bis morgen. H sagt, sie begleite mich in die Finsternis.

H: Aber nicht heute!
Mi: Es geht schnell.
H: Ich dachte, Du meinst das eher so theoretisch-symbolisch. Wir wollten doch auf den Türkenmarkt gehen.
Mi: Das tun wir auch. Gleich im Anschluss. Guck mal; das ist nur eine Ecke.
H: ... und Du meinst ich soll Dich jetzt hier mit Deiner Gitarre fotografieren. *Sie bleibt stehen stampft mit dem Fuß auf. Eine typische H-Geste, süß.* Du kannst doch gar keine Gitarre spielen.
Mi: Ein Neuanfang.
H: Katholischer Pharisäer!

Ich habe eine schlecht strukturierte Angst, dass ich diesen Text hier schon einmal geschrieben habe. Oder zweimal, oder zehnmal.
Inzwischen sind ein paar Tage vergangen. Eine Woche um den Pfeil der Zeit richtig zu zeichnen. Später Abend.

Mi: Nein, ganz im Gegenteil. Ich empfinde es inzwischen als Glück, wenn sie mich nicht einladen. Ich habe zunehmend Probleme mit Menschen. Und Weihnachtsfeiern mag ich überhaupt nicht. Reden kann ich gut; Aber zuhören nicht mehr. Übrigens: Fidel Castro ist tot.
H: Der lebt noch? Also bis gerade noch, hätte ich beinahe gesagt: Castro, der Macho. Zu viele Kinder mit zu vielen Frauen.
Mi: Und dennoch; aus meiner beschränkten Westsicht: Ein Wahrer der Sache. Ein Drastiker. Schade, satreartig ist er nun nicht gestorben. So mit der Kalaschnikow in der Hand. Die deutschen sahen ihn kritisch. Mochten ihn nicht. Du wirst sehen, wie schwer sie sich nun tun. Die Kanzlerin wird wohl nicht nach Cuba fliegen. Ihm die Ehre erweisen. Sie könnten den Schily schicken. Oder die Hogefeld aus Wiesbaden. Nur zur Beerdigung. Nur für einen Tag. Das hätte eine gewisse Größe und Tradition. Alle reden jetzt wahrscheinlich nur von der Cuba-Krise, den Atomraketen, den Säuberungen. Keiner spricht von den Schulen, den Zahnbürsten für die Kinder, den Krankenhäusern und von der Liebe, die das Volk ihm dafür entgegenbringt *„Por todo el tiempo, para siempre"*. Oben im Regal steht seine Biographie. Als Comic[3]. Wusstest Du, dass er Arzt..
H: .. Rechtsanwalt ..
Mi: Ach, schau an. Deine Sozi-Gene. Dann war Che der Kinderarzt, so war das. Und Motorradfahrer, der Che guevara.
H: Deine TU! Es stört Dich also gar nicht, dass sie Dich nicht einladen?
Mi: Meine und Deine. Und nein.
H: *Schaut ihm über die Schulter.* Ich wollte nur mal schauen, was Du machst. Sitzt vor dem Laptop. Arbeitest. Hackst.
Mi: Du rauchst zu viel, wolltest Du sagen.
H: Das auch. Rauch nicht so viel. *Gähnt.* Deine Anarchisten? Ich hab schon mal den Baumschmuck rausgesucht. Die Kerzen und alles.

---

[3] Castro Castro von Reinhard Kleist Verlag: Carlsen; Auflage: Originalausgabe (1. Oktober 2010) ISBN-10: 3551789657, ISBN-13: 978-3551789655

Mi: Bakunin, Kropotkin[4]. Du hattest Recht, letztens. Aber das war auch eine andere Zeit. Beide ehrenhafte Anarchisten. Sie haben sich der Menschen verdient gemacht. Aber das hier ist etwas Anderes. Im Vergleich zur realen Welt, der bösen Welt, machen wir nur akademischen Schnulli. Könnten wir das nicht einfach ein wenig tiefer anhängen?

H: Deine verbrannten Patente? Ja, das ist was ganz anderes. Es ist einfach nur bescheuert. Ich habe mir Dein T001 SI 482 mal angeguckt. Was soll das überhaupt: T, SI?

In der Tat. Die alten Anarchisten. Fürst Pjotr Alexejewitsch Kropotkin (1842 bis 1921) war ein russischer Schriftsteller. Aufgrund seiner adligen Herkunft wurde er „Der anarchistische Fürst" genannt. Er hinterließ viele revolutionäre und anarchististische Schriften. darunter die revolutionäre Schrift *Die Eroberung des Brotes*. Kropotkin kämpfte für eine gewalt- und herrschaftsfreie Gesellschaft und gilt als einer der einflussreichsten Theoretiker des *kommunistischen Anarchismus*.
Durch eine Lungenentzündung geschwächt, verstarb Kropotkin am 8. Februar 1921. Repräsentanten verschiedener anarchistischer Gruppen, bildeten ein Begräbniskomitee und konnten von den sowjetischen Autoritäten die Freilassung eingesperrter russischer Anarchisten erreichen, unter der Bedingung, dass diese nach dem Begräbnis wieder in die Gefängnisse zurückkehren würden. Mehrere zehntausend Menschen besuchten die Beerdigung am 13. Februar 1921 und machten sie zur letzten großen Demonstration anarchistischer Kräfte in Sowjetrussland.

Mi: Du hast es Dir angeschaut? Lieben Dank. *Das meint er ausnahmsweise nicht polemisch.* SI ist die interne Kennung, die eine Idee hätte, wenn wir sie melden würden ... T sei die laufende Nummer der Veröffentlichung.

H: Ha. Also doch Patente!

Mi: Nein, ja; Oh Gott. Ich meine, wenn es als Patent angemeldet würde. Werden würde. Würde werden. Wie auch immer.

H: Die LABOR-Finne!

Mi: LABFin, ja.

H: Ich hab mir das angeschaut. Aus nicht-technischer Sicht ziemlich gut. So, nun mal raus mit der Sprache. Patent, ja oder nein.

Mi: LABFin ist nur so eine Art Kommunikationsplattform..

H: ... die man einfach mal so verbrennt.. Mann, Micha.

Mi: Ein Bühne für Dialoge, die vollkommen selbstverständlich ist, wie sie ist. Ein Vehikel, das was macht.

H: Das sagst Du immer. Vehikel.

Mi: Vielleicht finden sich ja andere Forscher, die nicht bei Null anfangen wollen. Die sagen dann: „Oh, toll. Wir können unsere Messwerte vergleichen mit den

[4] Fürst Pjotr Alexejewitsch Kropotkin (1842-1921) Aufgrund seiner adeligen Herkunft und seiner Bekanntheit als Anarchist des späten 19. und frühen 20. Jahrhunderts wurde Kropotkin auch *der anarchistische Fürst* genannt. https://de.wikipedia.org/wiki/Pjotr_Alexejewitsch_Kropotkin

in der Transactions gefundenen Berechnungsdaten. Die Profile, den Auftriebskoeffizienten, das Leistungsvermögen der Finnen.

H: Du glaubst also doch, irgend Jemand interessiert sich dafür, dass Ihr Surfboardfinnen entwickelt? Hier im Wedding. Am Zeppelinplatz. Pardon. Am LED Zeppelin. *Schließt die Augen, macht eine Luftgitarre.* Page, nicht Degenhard.

MI: Ja, nein. *Schraubt entnervt den Füller auseinander. Die Tinte ist alle.* Das ist genau das Problem. H. , was soll das? Natürlich wurden wir dann irgendwie Experten in Sachen „Leit- und Steuertragflächen für kleine Seefahrzeuge". Ich weiß inzwischen eine ganze Menge darüber. Mehr als andere. Irgendwo hatte ich immer noch Tintenpatronen im Vorrat. Ob Du willst oder nicht, ob Du es vorhast oder nur zwangsläufig, du schiebst nach und nach Wissen zusammen, das nützlich sein könnte.

H: Wahrscheinlich bei deinen Buntstiften. *Gähnt erneut. Und fährt gespielt gelangweilt fort:* Aber ganz schön clever: „Leit- und Steuertragflächen für kleine Seefahrzeuge". Für Irgendwas muss das doch gut sein? Was du hier Tag für Tag machst. Und nachts.

Mi: Ist es aber eben nicht. Ich tue gut daran, nicht laut über diese Forschung zu reden. In unserem Hause. Wir sollen doch „Stadt der Zukunft" machen. Alle anderen Veröffentlichungen haben derzeit keinen Wert. Verkaufe mal Surfboardfinnen als Stadt der Zukunft. Deshalb geht es ja zum LED Zeppelin. Gehen WIR runter zum Zeppelinplatz. Übrigens, gut dort. Jetzt.

H: Aber bei MULAB hat es auch funktioniert. Forschung statt Zukunft. Dann geh mal schön alleine deine Patente verbrennen... Finnen. Deine geliebten Surfboardfinnen.

Mi: ... dont make me loo-oose ..

H: .. keinen fatalistischen Blues jetzt. Die LABORFINNE. *Plötzlich hellwach.* Weiter, Micha.

Mi: Walzerblues. LABFin, ja.

H: ok.

Mi: Wir sind doch nur Theoretiker...

H: :):

Mi: Keinen Menschen interessiert hier, was wir machen -

H: .. was DU machst!

Mi: Ja, verdammt, ich. Was ICH mache.

H: weiter!

Mi: Ich muss mit ansehen, wie ein Projekt stirbt. CARPO ist eigentlich der Hammer. Wir entwickeln Surfboardfinnen. Nach dem Vorbild der Delfin-Hände. Das ist so unglaublich. Neuseeland, Barrier Riff. Hawaii. Coco Ho.

H: Coco, was?

Mi: Ho. Die Tochter von Mikel Ho. Ein Surf-Girl. In der Szene der Knaller.

H: verstehe.

Mi: Keiner will wissen, wie diese Dinger wirklich funktionieren. Wir forschen im eigenen Saft. Und niemand ist wirklich daran interessiert.

H: Nur Du!

Mi: Surfboardfinnen sind das Unglaublichste, was ich je erforscht habe!

H: Aha. So im Labor, meinst Du.

... und plötzlich bist Du Experte. Für das Surfen. Eigentlich wartet die Welt auf Dich! Und auf Deine Finnen.

Mi: so in etwa.

H: Ich erinnere mich an Sankt-Peter-Ording. Du auf einem Surfbrett. Es war so peinlich.

Mi: Aber ich habe mir dann dessen anlässlich einen eigenen Surfanzug gekauft. Surfen ist eine Lebenseinstellung. Kein Sport. Egal, wie hoch die persönliche Performance ...

H: In diesem Ding siehst Du aus wie eine Leberwurst.

Mi: stimmt.

H: und bei der kleinsten Welle... platsch!

Mi: Genau, es geht nämlich um das Wellensurfen. Nicht ums Windsurfen.

H: ... oh, super. Wenn Du nicht mal ein Segel hast, um Dich dran festzuhalten...

Mi: Wie auch immer. Es gibt so gut wie keine Forschung auf dem Gebiet der Surfboardfinnen.

H: Und Du bist jetzt der Fidel Castro der Surfboardfinnen. Der Rvoluzzzer.

Mi: Das ist jetzt pietätlos.

H: stimmt. Aber Du bist keinen falls ein Finnen-Guru und auch kein Guerilla-Surfer. Micha, wach auf. Und außerdem ...

Mi: ja?

H: das Ding da am Anfang.

Mi: ja?

H: Es reimt sich gar nicht. Deine Pi-Pi-Lyrik: Komm, wir gehen Patente verbrennen im Park .... Das ist, ... na, ja, Bullshit.

Mi: ok. Kein Jambus.

H: kein Jambus! Ja. Du solltest diese „Serie“ einstellen. T-SI- bla. Vergiss es, Micha!!

Mi: Es ist ... Es ist aber irgendwie wichtig. Du glaubst es mir nur nicht. *Die Tastatur klappert.* Nicht mal Du! *Datei after Datei.* Da war so ein Ding?

H: Doch.

Mi: .. wenn ich jetzt jung wäre... Mist, wo ist es nur?

H: ein alter Mann...

Mi: ... wenn ich noch einmal SO jung wäre wie..

H: .. wie das CoCo-Girl ...

Mi: *Endlich hat er die Datei gefunden, nach der er auf dem Laptop kramt.* Dann würden wir beide Surfen. Du und ich. Am anderen Ende der Welt. Wir hätten die erste Finne, die die Idee eines Manövers erkennt, sich intelligent verformt und dieses Manöver selbstständig ausführt. Unsere Finnen wären kleiner, schneller, effizienter. Lenkbar wie ein Skate-Board. Pfeilschnell.
Ich hätte SOO ein Pfund unter meinen Füßen. *Breitet die Arme aus.* Und gerade Du, der Draußen-Mensch. Auf diese Bretter würdest Du abfahren. Oder: Was würdest Du dann an meiner Stelle machen? Lurchi[5]? Mit diesen Möglichkeiten!, Guck mal.

H: ... Was ist das denn? *H. reißt sich die Brille von der Nase.*

---

[5] Micha arbeitet heimlich an einem letzten, großen Werk: „Mein Leben mit Lurchi“, wovon H. nichts ahnt. Natürlich nicht. Für Unkundige: http://www.lurchi.de/lurchi/lurchi-hefte.html Was für ein aufregendes Leben! Lurchis Abenteuer wurden bisher in 156 Heften aufgeschrieben und gezeichnet.

Micha, das darf nicht wahr sein. DAS ist der SuperGau. Das Ende jeder Beziehung. Für Alles. Sag, dass dieses Foto nur eine Montage ist.

Skaten plus Surfen im Schnuffu-Land und das ultimative Ende aller IRON-Men[6].

Inzwischen hat das neue Jahr begonnen. Es ist spät geworden im Arbeitswohnzimmer. Das Schnuffu-Karnickel ist schon sein etlichen Jahren tot. Aber kein Mitbewohner hat es bislang gewagt, die „Warnung vor dem Hasen" abzuhängen. Ich glaube, es war der Tapetenkleber, der ihn dahingerafft hat. Bevor es mit ihm zu Ende ging, bereicherte sich der Tierarzt göttlich. Ich erwähne das an dieser Stelle nur, weil das Patenteverbrennen ja auch Armutsursachen hat. Wenigstens ist der ONKO jetzt durch den TÜV gekommen. Ich rechne kurz durch: 4 Gebrauchsmusteranmeldegebühren hat mich das gekostet. Wenn man die Prüfung und Recherche mitzählt, sonst 14 mal Anmeldegebühr. Im analogen Verfahren. Ohne ih-Banking. Egal. Unter meinen Füßen dampft meine Wärmflasche. Das ist wunderbar angenehm. Auch weil die Balkontür irgendwie undicht ist. Bei wahrscheinlich minus zehn Grad. H. schaut herein. Liest mir über die Schulter.

H: Das Brennen geht weiter!

Mi: Ja.

H: Ich dachte, Du kommst 2017 mal zur Besinnung.
Aber das Gegenteil ist der Fall. Jetzt produzierst Du Deine Patente gleich für den Led Zeppelin. Sagtest Du nicht, Du hättest Dein Schmusi-Board erst am Samstag zusammengeschrieben?

---

[6] Bügeln: To do the IRONING. Only for Iron-Men. Siehe außerdem: Extrembügeln ist eine ausschließlich im Freien ausgetragene Extremsportart mit dem Ziel, selbst unter anspruchsvollsten klimatischen, geographischen und körperlichen Bedingungen mittels eines heißen Bügeleisens und eines Bügelbretts Wäsche zu bügeln. https://de.wikipedia.org/wiki/Extrembügeln

Mi: COSY. Es heißt Cosy-Board.

H: Wir haben auch einen Schredder, Micha. Geerbt. Das geht schneller. Lass mal sehen.
„finnenloses Surfboard für das Wellenreiten, dadurch gekennzeichnet, dass dessen der Wasseroberfläche zugewandte Seite
- wo sind Deine Kommas, Micha ?? - …. mit Polstoff bewehrt ist, und so weiter.. bla, bla, blubb.

Klingt ja sehr interessant! Und Du willst es ernsthaft Schmusi-Board nennen?

MI: COSY und Kommata. Cosy-Board. An sich und an Surfboards ergeben Polstoffe absolut Sinn….
Oder auch nicht. Gleichwohl wohnst Du der Verbrennung bei. Digital.

H: Coco rides COSY-boards. Ich sehe ihn richtig vor mir auftauchen, den süßen, kleinen COSY-Po ..
Verdreht die Auge, Verschränkt die Arme. Irgendwie mag sie Coco Ho nicht.
Mann. Das ist doch keine Wissenschaft. Ich nehme mir auch extra frei für den Zeppelin. Jetzt mach Schluss für heute.

Mi: nein, ja, .. versteh doch: Hätte ich das Vorhaben „Bieberboard“ oder „Biber ohne E – sein Board“ oder „vom Schnabeltier verweht“ nennen sollen?

H: Martenstein hätte es „dem Biebricher sein Brett “ genannt. Wann ist eigentlich dieses Jahr Karneval? …

Mi: Fassenacht. Martenstein schreibt auch nicht immer Besseres. Aber wenigstens nicht für den Müll; stimmt. Der lebt sogar davon.

Fährt das Betriebssystem runter. Klappt schon mal den Rechner zu. Findet noch einen Schluck Kaffee im Pot. Ist sichtlich guter Dinge und kein wenig müde. Was jetzt irgendwie unpassend ist. Ausladende Geste. Große Rede.

Weißt Du noch? Genau vor einem Jahr war das. In der Fassenacht-Abteilung haben wir dann endlich den guten Plüsch bekommen. Für die Finnen. Die Finnen. Die doofe Verkäuferin. Hielt uns doch tatsächlich für verrückt. Ich warte doch extra auf Fassenacht. Damals hast Du mitgezogen. Huch, wo bist Du denn? Aber ja, Du hast schon Recht. Es reicht für heute. „Dem Biebricher sein Brett “. Eine guter Titel für eine gute Gutenachtgeschichte. Wie hieß das ursprünglich noch? NUTRIA ist kein Brotaufstrich? Offenbar war Ich schon immer so bekloppt. Das muss ja unerträglich für Dich sein.

Die Erkenntnis läuft ins Leere. H. ist schon weg. Ich rede mit dem Spiegelbild in der Balkontür. Und: Ich glaube, nein ich weiß jetzt, meine Umnachtung hat viel früher eingesetzt. Sehr viel früher. Na, und? Wenn es immer so lustig abläuft wie jetzt gerade, ist es doch OK, oder? … kein Brotaufstrich? Er gibt mir Recht und lacht sich tot. Der dicke Däne. Halt. Die Wärmflasche mitnehmen. Licht ausmachen. Ach, auf dem Balkon.

Der europäische Biber (*Castor fiber*) hat eine spindelförmige Körperkontur mit einer Körperlänge von bis zu 1.4 [m]. Das Tier kann bis zu 20 Jahre alt werden. Sein Schwanz (Kelle) ist unbehaart, von einer lederartigen Haut bedeckt und abgeplattet; vermutlich extrem widerstandsarm. Die direkte Beobachtung und Anschauung von Bibern ist theoretisch gegeben, erste qualitative Aussagen möglich. Der Berliner Zoo ist wunderschön und eigentlich immer sein Eintrittsgeld wert. Auch ohne Knut. Aber gerade das Bibergehege ist grottig. Selbst als bescheidener Mensch und geduldiger Beobachter lerne ich hier nichts über das Schwimmen der Biber. In freier Wildbahn gibt es in Berlin immerhin Biberratten (*Myocastor coypus, auch Nutria genannt, Coypu oder Wasserratte*). Diese sind mit einer maximalen Körperlänge L< 1.1[m] ein ganzes Stück kleiner als die (europäischen) Biber. Der Rehbergepark ist keine fünf Fahrradminuten vom Labor entfernt und immer menschenleer, warum auch immer. In einem versumpften kleinen Teich hausen sie, die Wasserratten. Inzwischen wissen wir, dass uns der „Biber für Arme“, nicht weiterhelfen kann.

Die Frage betraf den Schweif. Viele Wirbeltiere, die im Wasser Leben schwimmen mit eleganter Ganzkörperbewegung voran. Schlanke Schwimmer wie etwa der Aal führen eine Schlängelbewegung aus, wobei die Wellenlänge der Bewegung erheblich kürzer ist, als die Rumpflänge. Aale besitzen deshalb keine Schanzflosse. Fische und wasserlebende Säugetiere führen ebenfalls eine (Ganzkörper-) Schlängelbewegung aus. Die Wellenlänge der Körperbewegung ist größer als die Körperlänge; deshalb ist die Schwanzflosse erforderlich. Bei Robben (Pinnipedia), Seehunden (Phoca vitulina) und anderen zum Wasserleben übergegangenen Raubtieren ist der Schwimmstil eine komplexe Mischform aus (Ganzkörper-) Schlängelbewegung und Paddelantrieb. Bei anderen Lebensformen ist der Schweif funktional in den Bewegungsprozess eingebunden. Der Biber benutzt seine Kelle (Schweif) weniger als Antrieb; eher zum Manövrieren bei der Arbeit. Hier dient die horizontal stark abgeplattete Kelle hauptsächlich als Tiefenruder beim Tauchen. Die Oberflächenstruktur ist hochinteressant; statt mit Fell ist die Kelle mit hornigen Hautschuppen besetzt. Außerdem funktioniert die gefäßreiche Konstruktion als Wärmetauscher um überschüssige Wärme an die Umgebung abzugeben. Auf der Flucht vor Angereifern und Feinden arbeitet die Kelle als Startbeschleuniger. Bei Gefahr warnt der Biber seine Artgenossen mit einem „Signalschlag“ der Kelle auf die Wasseroberfläche und verschwindet blitzschnell.

Aber betrachten wir noch einen Moment das Halbtauchen der Biber. Der Schweif leiste im Nachlauf des Rumpfes keinen Beitrag zum Voranschwimmen. Eine vertikale Wellenbewegung der Kelle schließen wir vielleicht an dieser Stelle zunächst mal aus dem idealisierten Bewegungsmodell aus. Dennoch gibt es an einem Fluidsystem Gestaltungsparameter, die passiv die Qualität des Voranschwimmens beeinflussen. Der Formwiderstand, der Reibungswiderstand und bei Halbtauchern (und sogar bei knapp unter der Wasseroberfläche tauchenden Schwimmern) der Wellenwiderstand. Neben der Geometrie kommt der Relativgeschwindigkeit Bedeutung zu. Geht in Form- und Reibungswiderstand die Geschwindigkeit quadratisch ein, beeinflusst sie den Wellenwiderstand in der dritten Potenz. Gleichzeitig vergrößert sich die den Reibungswiderstand bestimmende benetzte Fläche des Strömungskörpers linear mit seiner Länge. Auf die Froudezahl jedoch - und damit auf den Wellenwiderstand- wirkt die Länge der Wasserlinie des halbgetauchten Strömungskörpers proportional in der Wurzel im Nenner vorteilhaft. Länge läuft, heißt es so schön unter den Seefahrern.

Außerdem sollte sich später herausstellen, dass auch der Biber als Ganzes weder ein gut untersuchtes fluidmechanisches System ist, noch sich jemand für sein Halbtauchen interessiert. Sein Halbtauchen, was für ein Wort. Ich finde kein publiziertes Wissen über das Schwimmen der Biberartigen, was ich hier an dieser Stelle bedauern möchte, noch vermute ich, dass der Beitrag, den wir - mit

Hausmitteln - zu leisten in der Lage sind, wirklich von Bedeutung ist. Ohne Schweif schwimmen zu gehen ist – das ahnen wir bereits jetzt – für einen Biber einfach keine Option. Und vermutlich wird es nicht ganz trivial, solch einem Halbtaucher in freier Wildbahn beim Halbtauchen zuzusehen.

Biebrich. Lange bevor der Herzog von Nassau später hier ein wunderschönes barockes Schloss baute und lange bevor sich die Biebricher im frühen Mittelalter auf das Handwerk der Strandräuberei kaprizierten, siedelten dort ihre Namensgeber und jetzigen Stadtwappentiere aus einer offenbar sehr ähnlichen Erfahrung heraus.

Hier, wo der Fluss mal reißend mal träger aber immer von majestätischer Präsenz einen Richtungswechsel von neunzig Winkelgraden vollströmt, ließ sich hervorragend vom Strand sammeln, was Trägheit und Masse Tribut zollend, der Kurve des Stromes nicht folgen will. War es in grauer Vorzeit Gestrüpp und Geäst, das von den braven Baumeisterbibern zu Dämmen verflochten, die vielen einmündenden Bäche und Flüsslein, die vom hohen Taunus ins Tal fließen, in Seen und wohnliche Burgen verwandelte, mussten die Ureinwohner dieser sonnenverwöhnten Rieslinglage schon mal stromaufwärts fahren und ein wenig dem Schicksal nachhelfen, sodass der unschuldige Strom die vom Schiff gefallenen, von Bord gestoßenen oder durch Schiffbruch auf andere Weise in den Fluss gelangten Fässer und Kisten und Truhen und sogar Weiber einstweilen, an den Biebricher Strand tragen konnte. Leichte Beute also nach solider Vorarbeit flussaufwärts.

Später dann hielt auch hier der Landesherr seinen Beutel auf, an dieser ach so günstigen Stelle. Vom Flusspiraten zum Schultheiß ist es vielleicht doch nicht ein so großer Schritt. Noch heute das alte Zollhaus direkt am Fluss.

Was sie mit den Bibern gemacht haben? *„ei die sinn' halt lang fort, gell. Vielleischt uffgegesse' ...!"* Von Räubern, Piraten, Halunken und anderen Barbaren abzustammen ist für den gewöhnlichen Biebricher gewiss eine Bürde, aber er trägt es Humor und Gesang. Hier in Biebrich, am Tor zum wunderschönen Rheingau entstanden übrigens auch Wagners Meistersänger.

Und: Als Julius Cäsar 54 v. Chr. im Gallischen Krieg dort, wo der Fluss den harschen Knick macht, über den Rhein setzte, stieß er auf den Widerstand des germanischen Volksstamms der Ubier. Das mag gegebenenfalls ein anderer Ursprung des Namens Biebrich sein. Dennoch ist seit 1636 ein aus dem Wasser steigender Bieber (ursprünglich mit einem Fisch im Maul, später mit dem Schlüssel der Stadt) das Wappentier[7].

Wie auch immer. Als greife der lange Arm der Gerechtigkeit aus der piratösen Vergangenheit bis in die Gegenwart hinein, so liegt ein Fluch auf dem Knick im Fluss: Nicht Fässer treiben an, nicht Habe, auch Weiber nicht; heute klagt der gemeine Biebricher über den Müll, der infolge der Knielage und stinkend am sonnigen Kiessteinstrand angeschwemmt wird.

Mi: Nennen wir sie COSY-Finnen und verbrennen sie gleich mit.

[7] Graphik des Stadtwappens entnommen aus: http://de.wikipedia.org/wiki/Wiesbaden-Biebrich

Es ist inzwischen Dienstag der 17. Januar 2017. Wieder die Wärmflasche unter den Füßen. Ich rauche zu viel, bin nervös. Es ist spät. Wie immer. Morgen wird ein Vergehen verhandelt, das ich begangen habe. Mein Vergehen. Nein ein Verbrechen. Mobbing. Ich bin der Meister des Mobbing. Mein Spezialgebiet: hinterhältiges Mobbing. Zu Beleidigung und Beleidigtsein der Kollegen führendes Mobbing. Zu Anzeigen führendes Mobbing. Meister des zu Schadensersatzforderungen führenden, die Gesundheit schädigenden, die Person und die Persönlichkeit eines sensiblen, feinfühligen Kollegen angreifenden, verletzenden Mobbings. Krankheit, Arbeitsunfähigkeit letztendlich den Rentenfall auslösen wird dieses Mobbing. Den Tod. Natürlich; was sonst. Gibt es denn keine anderen Probleme, als beleidigt sein? Trump, Merkel, Schulz. Der Nachrichten-Ticker kocht heute. Aber nein, wir grämen uns über solchen Schnulli-Kram?
Es wird glimpflich ausgehen. Vielleicht. Natürlich. Ich werde geloben, nie wieder zu behaupten, dass die Sicherheitsstrukturen unserer Rechner die Forschung behindern. Nein das tun sie nicht. Hätte ich Sicherheitsterror sagen sollen? Um Gottes Willen. Hätte ich verhindern sagen sollen? Nein. Ihr seid im Recht und ich trage Schuld. Schuld, ja. Wird mich jemand entschuldigen? Wer? Ich solle mich entschuldigen, so die Forderung des sensiblen Kollegen. Ich mich selbst! Kann man sich überhaupt selbst entschuldigen? Das ist doch vermessen, oder? Sich selbst. Ha!

Mi: Ich sehe überhaupt nicht hypertonisch aus. Der Hyper-Toni.
H: Mi, Du warst schon die ganze Zeit alleine dort; jetzt bist Du eben alleiner. Geh hin und komm heim. Da bin dann ich.
Mi: Sehr lieb.
H: Und wir bauen Dir ein COSY-Board.
Mi: Aus unserem Wisch-Mobb. COSY-Skater! Mobbi-Blades!
H: Genau. Das mobbt, Micha!
Vergiss den Rest.
Mi: Ja.

22. Januar 2017. Keine weiteren Dialoge. Beschleunigung der Verbrennungen.